启明健康科普丛书

启明青年医生公益发展中心　主编

上海交通大学出版社

内容提要

　　本书为启明健康科普丛书之一。在内容上，分为13个部分，介绍了孩子出生后的喂养、辅食添加，成长过程中比较常见的疾病预防及意外伤害的处理等内容。全书涵盖了儿童保健科、儿外科、小儿耳鼻咽喉头颈外科、口腔科、眼科、血液科等专科，配以原创手绘漫画，简单易懂，可以满足宝妈们对宝宝健康成长促进及意外伤害应急处理等需求。

　　本书可作为准宝妈、宝妈或其家属的育儿参考用书。

图书在版编目（CIP）数据

宝妈不着急，育儿有妙招/启明青年医生公益发展中心主编. — 上海：上海交通大学出版社，2021.7
　ISBN 978-7-313-25355-2

　Ⅰ.①宝… Ⅱ.①启… Ⅲ.①婴幼儿–哺育–基本知识 Ⅳ.①TS976.31

中国版本图书馆CIP数据核字（2021）第173048号

宝妈不着急，育儿有妙招
BAOMA BU ZHAOJI, YUER YOU MIAOZHAO

主　　编：启明青年医生公益发展中心			
出版发行：上海交通大学出版社	地　　址：上海市番禺路951号		
邮政编码：200030	电　　话：021-64071208		
印　　制：常熟市文化印刷有限公司	经　　销：全国新华书店		
开　　本：710mm×1000mm　1/32	印　　张：5.5		
字　　数：57千字			
版　　次：2021年7月第1版	印　　次：2021年7月第1次印刷		
书　　号：ISBN 978-7-313-25355-2			
定　　价：48.00元			

编委会

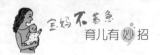

副主编

傅　韵　　陆英杰　　唐晓燕

黄艾弥　　沈　莹　　严寅杰

编　委

陈　伟　　陈剑华　　蔡　凡　　东　敏

丁波静　　胡燕琪　　李　丽　　陆　烨

潘　霄　　戎艳鸣　　邵敏华　　邵　琦

苏东玮　　宋　彧　　沈火剑　　沈燕君

王鸿祥　　王彦艳　　王　欣　　辛　渊

许子元　　姚永良　　袁　嵘　　朱庆庆

张迺铮　　周卓君　　周璐靖

绘　画

张　伟

前言

　　不知不觉中，启明青年医生公益发展中心已经走到了第三个年头。这三年来，有大家的陪伴和支持，让我们能够鼓足勇气坚持在科普的路上走下去。回望这三年，我们的科普也从单调、枯燥的简单文字，慢慢转变为医学知识配合手绘漫画的形式，走出了一条有自己特色的青年医生的科普之路。

　　随着老百姓的日子越来越富足，我们日常的关注点从能不能吃饱穿暖逐渐转变为对因营养过剩而导致的一系列慢性病的关注，如糖尿病、心血管病、肿瘤等。作

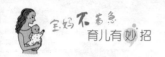

为一线临床工作的我们，发现大家的日子虽然好过了，但是大家对于疾病的概念、预防知识等还是相对滞后的；其次，在信息爆炸的网络时代，内容拼凑的"标题党"文章，打着"科普"旗号混杂在健康科普的队伍中。面对人民群众日益增长的健康需求，医学科普工作仍处于起步阶段，主要表现为优质科普作品量少、学术主导不够、规范管理不足、信息混乱驳杂、知识零散细碎、描述过于专业、推广方法不多等。

宣传医学科普理念的，核心人员天然应当是医生！一个医生门诊能看的病人数量有限，但一篇科普，一条视频，能被十万、百万、甚至千万的人看到，并广泛传播！这不正是我们踏进医学殿堂时所谨记的希波克拉底誓言吗？"我愿在我的判断力所及的范围内，尽我的能力，遵守为病人谋利益的道德原则，并杜绝一切堕落及害人的行为……无论到了什么地方，也无论需诊治的病人是男是女、是贵人是奴婢，对他们我都一视同仁，为他们谋幸福是我唯一的目的。""什么叫医者？医生不仅仅是治病救急，更应该是一名健康守护者，做疾病的预防者。"美国一位著名心血管病专家说过一句话，"当我们抢救一个心血管急症的时候，这只是治疗的开始，但意味着医疗的失败。因为这是通过预防措施可以避免的。"医生在治疗疾病的时候只为了一种疾病，而在做科普宣教的时候，可以为更多的人做健康预防。

为了更好地传播科普知识，我们挑选了部分关于儿童成长及健康保健的科普文章，从宝宝出生的喂养、辅食添加，到宝宝成长过程中常见疾病的预防及意外伤害的处理等。本书所有的作品均由上海

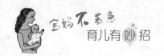

市松江区妇幼保健院儿童保健科朱庆庆、上海市第一人民医院儿外科姚永良、上海交通大学医学院附属仁济医院泌尿男科王鸿祥、上海交通大学医学院附属上海儿童医学中心辛渊、复旦大学附属儿科医院小儿耳鼻咽喉头颈外科李丽、上海交通大学医学院附属第九人民医院口腔综合科周卓君、上海市黄浦区牙病防治所张洒铮、上海中医药大学附属龙华医院骨伤科严寅杰、上海交通大学医学院附属瑞金医院血液科王彦艳、上海睿宝儿科陆烨、上海市闵行区中心医院胡燕琪、上海和睦家新城医院眼科王欣等青年医生原创。全书涵盖了儿童保健科、儿外科、小儿耳鼻咽喉头颈外科、口腔科、眼科、血液科等专科，囊括临床常见的多种相关内容，配以原创手绘漫画，简单易懂。

　　我们从年轻人的视角出发，一改大家

对官方账号的刻板印象，比如必须是严肃的、一本正经的，走出了一条自己的特色之路——将各种复杂晦涩的医学术语用最为接地气的语言表达出来。我们对自己的科普定位是"稳中带皮"。"皮"是特色，"稳"是底色。同时，为了更好地满足年经人的阅读习惯和期待，走出了一条手绘科普的道路，不仅给大家喂了糖丸，也给大家讲一些很硬很干的内容，让老百姓看到科学是有趣的，但有趣只是一个很初级的层面，更要让大家全面地看到它真正的底色。

"听得明白，讲得清楚，说大白话，讲专业事。"我们这次的科普虽然聚焦的是专业的事，但选题实用，贴近大众，从大家日常生活中的常见疾病出发，通过临床医生平时与患者交流的经验，感受普通百姓的需求与感受，从而讲清楚是什么、

为什么、怎么办，以期真正让读者有所收获。

编　者

2021.7

第一篇

"6月龄内"宝宝吃点啥
好担心小 Baby 肚肚饿

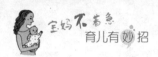

第二篇

添加辅食注意事项

第三篇

为什么会有突如其来的腹痛

第四篇

小鸡鸡不好惹：小小年纪，
到底要不要割一刀

第五篇

小朋友的耳屎可以挖吗

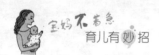

第六篇

过敏 过敏 过敏

第七篇

张着嘴呼吸，真的会变丑吗

第八篇

收好这份爱牙"锦囊"，
让牙不再"哎呀"疼

第九篇

儿童的哪些"冬病"可以"夏治"

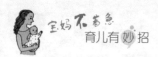

第十篇

滴血认亲和血型的故事

第十一篇

天啦噜！一言不合就补钙
论补钙的正确打开方式

第十二篇

注意！别让近视模糊了孩子的未来！
真真假假赶紧看

第十三篇

儿童常见传染病的预防和意外伤害处理

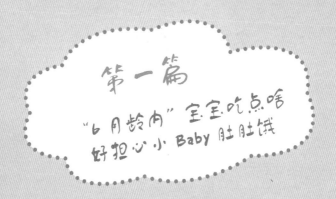

第一篇

"6 月龄内"宝宝吃点啥
好担心小 Baby 肚肚饿

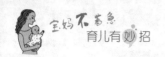
宝宝哭，是饿了吗

　　每一个呱呱坠地的婴儿，都宣告着新生命的到来。

　　安静的小·baby 是多么的可爱。

可是，如果他们开始动来动去，不停地啼哭……

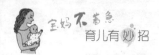

宝宝不停地哭，是因为饿了吗？

首先，应该考虑母乳是否充足？可通过以下几种情况来判断：

① 婴儿每天能够得到 8 ~ 12 次较为满足的母乳喂养；

② 哺喂时，婴儿有节律地吸吮，并可听见明显的吞咽声；

③ 出生后最初 2 天，婴儿每天至少排尿 1 ~ 2 次；

④ 如果有粉红色尿酸盐结晶的尿，应在生后第 3 天消失；

⑤ 从出生后第 3 天开始，每 24 小时排尿应达到 6 ~ 8 次；

⑥ 出生后每 24 小时至少排便 3 ~ 4 次，每次大便应多于 1 大汤匙；

⑦ 出生第 3 天后，每天可排软、黄便 4 ~ 10 次。

其次，家长要辨别宝宝哭，是否真的是饿了？

　　婴儿饥饿的早期表现包括警觉、身体活动增加，后续表现才是哭闹。如果等孩子哭的时候再喂奶就晚了，有的时候孩子变得很烦躁，奶也吸不出来。

　　除此之外，宝宝哭的常见原因可能是身体不舒服（如肠痉挛）；吃完以后，要打嗝，也可能是有小便、大便等。所以当宝宝出现异常哭闹时，家长应该学会识别，准确判断。

　　建议家长可以做个喂养日志，记录孩子每天喂奶、睡觉、大便的时间，正确识别婴儿饥饿及饱腹信号，家长及时应答是早期建立良好进食习惯的关键，这样有利于慢慢养成宝宝定时定量规律饮食的习惯。

宝宝出生后的第一口食物应该是什么

　　婴儿出生后 6 个月内，母乳喂养是最佳的方式；以后进入辅食添加和膳食过渡阶段，直至 2 周岁左右，基本逐步接近成人的膳食模式。

母乳中含有充足的水分，是可以满足婴儿 6 月龄内全部液体、能量和营养素的需要的。但建议出生后数日开始补充维生素 D 400 IU，不需要补钙。

宝宝是纯母乳喂养，还需要喝水吗？

母乳喂养应顺应婴儿胃肠道成熟和生长发育过程，从按需喂养逐渐过渡到规律喂养。

婴儿出生最初几周，妈妈每天喂养8~12次；若母乳喂养适宜，次数可降至每4小时1次，最长夜间无喂养睡眠可达5小时。

3月龄以前的婴儿，因饥饿引起哭闹时应及时喂奶；随着月龄增加，宝宝胃容量逐渐增加，喂奶间隔时间会相应延长，喂奶次数减少，逐渐建立起规律喂奶的良好习惯。

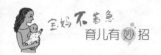

老婆，今天的奶粉量差不多，
宝宝可以吃饱了！

　　因婴儿患有某些代谢性疾病或乳母患有某些传染性或精神性疾病，乳汁分泌不足或无乳汁分泌等原因，不能用纯母乳喂养婴儿时，建议首选适合于6月龄内婴儿的配方奶喂养，不宜直接用普通液态奶、成人奶粉、蛋白粉、豆奶粉等喂养婴儿。

宝宝吃奶不集中，
吐奶该怎么办

宝宝3～4月龄，出现吃奶不集中，这其实是宝宝智力发育，变得更聪明的表现！

> 这个灯，真亮！！

因为3～4月龄的宝宝，视觉听觉发育很快，吃奶的时候容易受外界干扰，就

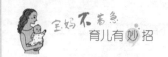
会表现出吃奶不集中的现象。此外，此时的宝宝吸奶效率大大提高，宝宝吸了几口奶后，发现再吸也吸不到几滴了，但停下来等会儿，乳汁又会慢慢分泌出来，这时再吸就能轻而易举地吸几大口。吃奶停下来时还能玩玩，到处看看自己感兴趣的东西，可谓劳逸结合，吃奶效率大大提升！只要宝宝精神状态和体重增加正常，就无需过于担心。

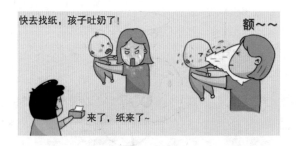

3～4月龄宝宝吐奶比以前严重了，是因为此时宝宝胃酸反流达到高峰，之后会逐步好转。

定期监测宝宝体格指标，保持宝宝健康成长

身长和体重是反映宝宝喂养和营养状况的直观指标。患病或喂养不当时，因营养不足会使婴儿生长缓慢或停滞。6月龄内的宝宝应每半月测一次身长和体重，病后恢复期可增加测量次数。

宝贝儿，爸爸来抱抱，
我们来测宝贝是不是变重了~

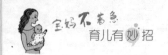

　　建议参考世界卫生组织《儿童生长曲线》判断婴儿是否得到正确、合理喂养。宝宝生长有自身规律，过快、过慢生长都不利于儿童远期健康。但同时宝宝生长存在个体差异，也有阶段性波动，家长不必相互攀比生长指标。

　　出生体重正常的宝宝，其最佳生长模式是基本维持其出生时在群体中的分布水平。母乳喂养儿体重增加可能低于配方奶喂养儿，只要处于正常的生长曲线轨迹上，即是健康的生长状态。当曲线有明显下降或上升时，应及时了解其喂养和疾病情况，并做出合理调整。

　　　　　　　　　　　　　　　　　朱庆庆

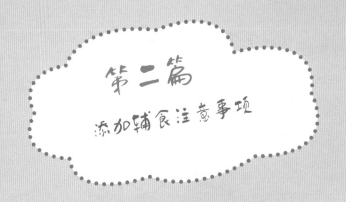

第二篇

添加辅食注意事项

Get 宝宝添加辅食的信号，
把握辅食添加最佳时机

　　婴儿满 6 月龄时是添加辅食的最佳时机。婴儿满 6 月龄后，单独靠母乳已不能满足宝宝快速生长发育的营养需求。此期间，既要顾及满足婴幼儿生长发育的营养

需要，同时还要考虑婴幼儿行为发育和饮食习惯培养，所以需要及时添加辅食。

（1）能够较为稳定地控制头颈部，在有支撑的情况下可以坐稳，可以通过转头、前倾、后仰等来表示想吃或不想吃，这样就不会发生强迫喂食的情况；（2）对成人食物有强烈的兴趣，比如大人吃东西时，宝宝会盯着看你拿着的食物；（3）具有一定的眼手口协调能力，能够看见食物，

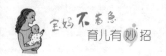

想伸手来抓，有时候能够抓准，并且能准确地放入嘴里；（4）挺舌反应消失。当你用勺子喂辅食时，宝宝会张开嘴，而不再用舌头顶出食物。

过早添加辅食，会因婴儿消化系统不成熟而容易引发胃肠不适，进而导致喂养困难或增加感染、过敏等风险；同时也是母乳喂养提前终止的重要原因与儿童和成人期肥胖的重要风险因素；还可能因进食时的不愉快经历，影响婴幼儿长期的进食

行为。

过晚添加辅食，有可能导致婴幼儿营养不良，罹患缺铁性贫血等各种营养缺乏性疾病；也可能造成喂养困难，增加食物过敏风险等。

很多家长认为宝宝没有长牙，先给宝宝喝点鲜榨的果汁，既有营养，又能补充维生素 C，然而，美国儿科学会明确提出：1 岁以内不要给宝宝喂果汁。家长可以在宝宝辅食中添加果泥来代替果汁。

一岁以内的宝宝
不要喝果汁

辅食不加调味品，尽量减少糖和盐的摄入。

建议 1 周岁之前，不要在宝宝的食物中添加盐。婴幼儿的肾脏、肝脏等各种器官还未发育成熟，过量摄入钠可能会增加肾脏负担。食物中额外添加的糖，除了增加能量外，不含任何营养素，是一种"空白能量"。

辅食不加调味品
减少糖和盐的摄入

添加辅食应注重进食安全和饮食卫生

容易导致进食意外的食物：鱼刺等卡在喉咙是最常见的进食意外。整粒花生、腰果等坚果，果冻等胶状食物应禁止食用。

容易导致进食意外的食物

果冻等胶状食物

整粒花生、腰果等坚果

可能会发生的意外：筷子、汤匙等

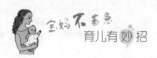

餐具插进咽喉、眼眶；舌头、咽喉被烫伤，甚至弄翻火锅、汤、粥而造成大面积烫伤。

可能会发生的意外

保证进食安全：婴幼儿进食时必须有成人的看护，千万不要让宝宝独自进食，并注意进食场所的安全。

注意饮食卫生和进食安全

宝宝腹泻？

呜呜

选择优质食材，应尽可能新鲜，并仔细择选和清洗；避免油炸、烧烤等烹饪方法；单独制作；现做现吃，没有吃完的辅食不宜再次喂给婴幼儿。

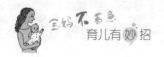
合理安排宝宝的餐次和进餐时间

大多数家长都怕孩子吃不好，长不好，一天到晚都在拼命给孩子塞东西吃。其实，孩子一直在吃东西，胃可能会来不及排空。

所以这种喂养方式，不利于宝宝的消化吸收，也不利于宝宝规律饮食习惯的养成。建议家长每天在同一时间喂宝宝吃东西，从小培养宝宝规律的饮食习惯。

合理安排宝宝的
餐次和进餐时间

7～9个月的宝宝一天膳食安排：每

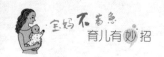

天辅食喂养2次，母乳喂养4~6次，逐渐停止夜间喂养，白天的进餐时间逐渐与家人一致。需每天保持600 mL以上的奶量。

10~12个月的宝宝一天膳食安排：每天添加2~3次辅食，母乳喂养3~4次，停止夜间喂养，一日三餐时间与家人大致相同。需每天保持600 mL的奶量。

13~24个月的宝宝一天膳食安排：与家人一起进食一日三餐，并在早餐和午餐、午餐和晚餐之间，以及临睡前各安排一次点心。需每天保持500 mL的奶量。

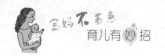

家长应允许并鼓励宝宝尝试自己进食，可以手抓或自己使用小勺等，并建议特别为婴幼儿准备合适的手抓食物，如：切成片的香蕉，煮熟的胡萝卜片等，以增加婴幼儿对食物和进食的兴趣，促进宝宝逐步学会独立进食。

7～9月宝宝喜欢抓握，喂养时可以让其抓握、玩弄小勺等餐具。

7~9月龄宝宝

10～12月龄宝宝已经能捡起较小的物体，手眼协调熟练，可以尝试让其自己抓着香蕉、煮熟的土豆块或胡萝卜等自己吃。

10~12月龄宝宝

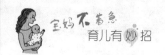
13月龄宝宝愿意尝试抓握小勺自己喂，但大多洒落；18月龄宝宝可以用小勺自己吃，但仍有较多洒落；24月龄宝宝能用小勺自主进食并较少洒落。

13月龄后宝宝可以自己进食，但会有洒落

如果宝宝在学习自主进食的过程中，把食物洒落得到处都是，家长不要担心，家长应给与充分的鼓励，并保持耐心，家长不应该一直包办孩子吃饭，更不应该因为这个原因呵斥他，应提供给孩子机会，让孩子反复学习自主进食。

添加辅食时，家长要有耐心

婴儿接受一种新食物，家长要反复提供并鼓励其尝试。对于宝宝不喜欢的食物，家长更需要充分耐心。

对于不喜欢吃蔬菜的孩子，家长可以把蔬菜包在小馄饨、小包子或者小馅饼这些孩子喜欢吃的食物里，让孩子慢慢尝

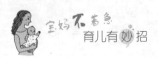
试。家长应对食物和进食保持中立态度，不能以食物和进食作为惩罚和奖励孩子的手段。

从开始添加辅食起就应为宝宝安排固定的座位和餐具，营造安静、轻松的进餐环境，千万不能让孩子在吃饭的时候看电视、玩玩具、玩手机等。

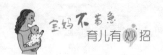

宝宝注意力持续时间较短，一次进餐时间宜控制在 20 分钟以内。

朱庆庆

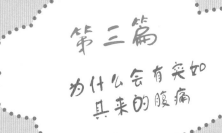

第三篇

为什么会有突如
其来的腹痛

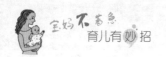

3 解引起小儿急腹症原因的
必要性

儿童腹痛是儿科常见的症状，也是小儿内外科之间会诊最频繁的一类症状。

因小儿年龄较小，难以用语言准确表达，故而腹痛易被家长所忽视；又常因发热、呕吐、食欲缺乏、大便次数增多等伴

随症状而就诊于小儿内科，这些症状在小儿患各类疾病时多见，加上小儿对腹部体格检查的不配合，一些属于外科的疾病较容易被误诊，因而给及时正确的处理带来了一定的困难，如急性阑尾炎因误诊而致穿孔最后导致腹膜炎，肠套叠因误诊而发生肠坏死等。

因此，了解引起小儿急腹症的外科性疾病的特点非常必要。

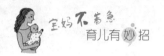
新生儿腹痛的原因

新生儿腹痛常见于先天性消化道畸形。患儿多在出生时就有哭闹，同时伴有腹胀、呕吐等症状，呕吐物多是含有胆汁的绿色内容物或者是粪汁样的胃内容物。

而唯有先天性肥厚性幽门狭窄多在出生后 20 天左右才开始呕吐，并且呕吐逐渐加重，呕吐呈喷射状，呕吐物不含绿色

胆汁或宿食，并有明显的酸臭味，患儿多有皮肤干燥、消瘦的症状，似干瘪的"小老头"。

新生儿如出生就含有上述症状，需要即刻就诊，需要进行相关的检查明确病因，并及时治疗。

婴幼儿腹痛的原因

婴幼儿腹痛常见于食管裂孔疝、肠套叠。食管裂孔疝患儿年龄多在3个月~2岁，表现为上腹部剑突下的不规则疼痛，呕吐反复发作，尤其是在进食后，呈非喷射状的呕吐，呕吐物为胃内容物，若并发食管炎可带有血性或咖啡色物。

肠套叠患儿年龄多在 4 个月～2 岁，患儿都比较消瘦。在这个年龄段，正是需要添加辅食的时候，如果饮食不当、消化不良或者胃肠道有炎症、腹泻等时，极易诱发肠套叠。

　　患儿表现为突然的阵发性哭闹，每间隔 10～20 分钟发作一次，每次发作持续 3～5 分钟，有时伴有面色苍白、出冷汗，并有频繁性呕吐，时间持续 6 小时以上还会出现果酱样大便。肠套叠一般好发于比较肥胖的患儿，冬春、夏秋季节交换时或患儿有上呼吸道感染、腹泻时更加多见。

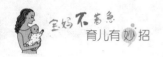
学龄儿童腹痛的原因

学龄儿童最常见的是急性阑尾炎，因小儿的回盲部比较游离，阑尾容易异位，而且儿童阑尾呈细长管状，粪石堵塞管腔不易排出，所以阑尾腔内梗阻和病原菌入侵是造成阑尾炎的主要原因。

阑尾炎患儿腹痛开始时，大多表现为上腹部疼痛，同时伴有胃纳差、呕吐，很容易误认为是胃肠炎，但随着病情的发展，疼痛将逐渐转移至右下腹，有时可伴有发热，也可伴有腹泻或尿频、尿急等症状。小儿大网膜较短不宜下降包裹阑尾，小儿阑尾炎发生腹痛后12～24小时即可穿孔。

　　另外，小儿腹壁较薄，腹壁肌紧张有时不明显，常给诊断带来一定困难。小儿急性阑尾炎原则上均应早期进行手术治疗。

　　另外目前随着交通事故发生率及小儿户外活动的日渐增多，小儿腹部闭合性肝、脾、胰、肾破裂，外伤性胃肠穿孔也不可忽视。

引起小儿腹痛的其他原因还可有胆总管囊肿、肠系膜囊肿扭转、胆道蛔虫症等。

近年来，随着技术的进步，包括小儿消化道内窥镜检查的普及和技术水平的提高，以及腹部 B 超、核素检查、CT、MRI、消化道测压、pH 监测等新技术的开展，使小儿腹痛的诊断及治疗水平明显提高。

因此，如果碰到小儿突发腹痛、呕吐等，千万不要觉得束手无策，更不能自行给孩子吃止痛药，而应该及时去医院就诊，以免延误病情，影响疾病的诊断及治疗。

第四篇

小鸡鸡不好惹：小小年纪，
到底要不要割一刀

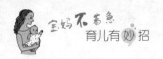

不同时期下的"小鸡鸡"

　　近来，很多小·男孩儿的家长们对孩子的"小·鸡"虎视眈眈，不约而同地要带他们去割包皮。他们到底要不要赶"割包皮"的"时髦"？真的可以割吗？

刚出生的"小鸡鸡"

男婴出生时，包皮与阴茎头部紧密相连，只能靠外力分开。

正常的"小鸡鸡"

阴茎和龟头外部有一层松软的皮肤——包皮。

包皮

随着年龄的增长，包皮逐渐向阴茎头后方退缩；到了青春发育期，会随着生殖器的发育自然翻上去，使整个阴茎头部全部外翻出来。

生病的"小鸡鸡"

如果青春期发育后，包皮仍然包着龟头，需要翻动后才能露出来，这就属于包皮过长。

而如果包皮口狭窄，或包皮与阴茎头

好黑啊，呜呜

包皮过长

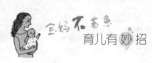
仍然粘连，致使包皮无法上翻，那就是包茎了。

包皮在作祟，生病的"小鸡"实在不好惹！

快闷死我啦！！

包茎

包皮过长、包茎会容易引起各种炎症，在包皮里会分泌一种奇臭的白色分泌物——包皮垢。

包皮垢长期刺激龟头后会引起包皮炎和阴茎炎，因此包皮过长的人一般都需要手术切除。

"小鸡鸡"到底要不要割一刀

家长们瞧仔细了，宝宝如果出现以下情况，就一定要割了：

1. 包茎、包皮口狭窄：完全无法上翻；

2. 非生理性的小儿包茎：包皮与龟头粘连，出现排尿困难，无法通过手法上翻接触粘连；

3. 经常包皮外口炎症："小鸡"红肿、发炎、导致包皮口炎性增厚、失去皮肤弹性，甚至形成瘢痕，引起继发性包皮口狭窄而无法上翻；

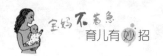

4. 反复包皮龟头炎症：包皮垢长期沉积，严重者因炎症而引起包皮和阴茎头的粘连，反复感染诱发尿道炎。如果炎症反复，需手术。

温馨提示

有以下几种情况者，千万不能随意割包皮！

① 包皮过长，但能上翻显露龟头，没有发生包皮、龟头炎症者；

② 阴茎外观短小：可能存在隐匿阴茎；

③ 阴茎上提困难，就算充分勃起也是往下耷拉着：可能存在尿道下裂问题。

建议家长通过观察后，再带孩子到儿童泌尿外科做一个系统的检查，由专业的医生来判断一下，是否有做手术的需要。

"小鸡鸡"啥时候割一刀，怎么割，术后如何护理

3～6岁是决定"小鸡鸡"是否需要做包皮手术的最佳年龄：

通常在3岁左右就开始初步诊断是否有包皮过长、包茎的症状，在3～6岁时，还有手法上翻松解包皮的可能。

年龄小的孩子做手术需进行全身麻醉；10岁以后，自制能力强的小朋友可在局部麻醉下进行手术。

目前比较推崇的还是传统环切技术的改良——手工法改良袖套式切除。通过精准的画线定位，确定好包皮内板的保留长

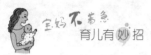

做了个小手术，舒服多了，皮肤也好了。

度以及系带保留长度，避免术后不美观及系带牵拉。尽管有人会说"包皮吻合器"手术更快捷，但术后美观度并不保证，可能存在包皮内板不对称等情况，术后包皮再出血、水肿概率也增加。既然是一次性的手术，当然要对手术方式考虑清楚咯。

1. 药物治疗：口服抗生素 3 天；

2. 术后伤口护理：无需护理，术后3 天解除包扎并洗澡，如有少量渗血按压止血即可；

3. 保护创面和龟头：注意休息，减

少走动，穿宽松的裤子，可用纸杯子，掏空杯底，反套在阴茎周围，用橡皮筋固定在身上，保护手术切口创面和龟头；

4. 出现水泡怎么办？有些患者术后走动多，龟头摩擦内裤，会出现水泡，无需过度担心，待它慢慢消退即可。

希望以上知识，能让家长对"小·鸡"问题有一个充分的认识。同时，切除包皮手术存在风险，家长需考虑孩子的实际身体状况，千万不能盲目跟风，尤其是在高温的天气下更要保持清洁和干燥，定期检查，查验伤口恢复情况等。

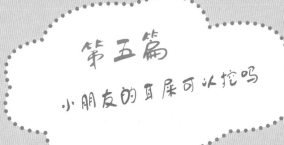

第五篇

小朋友的耳屎可以挖吗

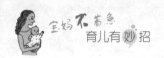

耳屎是什么

　　耳屎学名耵聍。耵聍是由外耳道的耵聍腺和皮脂腺分泌物混合脱落上皮形成的。在外界空气风化之后，大部分会形成一种外表呈黄褐色的薄片，也就是我们俗称的"耳屎"。耵聍是由蛋白质、脂类、

耳屎是什么

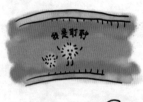

我是耵聍

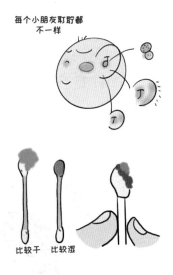

每个小朋友耵聍都
不一样

比较干　比较湿

糖肽、氨基酸、短链和长链脂肪酸、芳香族长链碳氢化合物以及挥发性有机化合物和矿物质组成，它的产生是一个正常而自然发生的过程。

　　耵聍通常借助张口，咀嚼等下颌运动排出外耳道。而每个小朋友外耳道的状态也不一样。宽大的耳道，耵聍相对容易自行排出；而比较狭窄的耳道就不太容易排出。

狭窄的耳道耵聍就
不太容易自行排
出

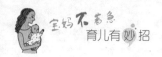

小朋友的耳屎可以挖吗

先说答案：不建议！

有的家长看到自己宝宝的耳朵里面耵聍不太容易排出，就会拿着棉签去掏。

但这种做法，很有可能会伤害孩子！

耵聍虽然俗称"耳屎"，耵聍本身其实是有很多有益作用的。

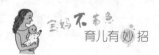

好处一：耳屎能杀菌

好处二：耳屎能隔绝异物

好处三：耳屎能保护听力

对于有这么多有益作用、又不直接影响外观的"耳屎"，为什么非要"掏之而后快"呢？更何况，乱掏耳朵，还有很多副作用哦！

一般来讲，外耳道的皮肤比较娇嫩，如果你经常用棉签、甚至用金属的耳勺去挖它，有的时候会引起小朋友外耳道的炎症，更有甚者，可能将里面的鼓膜给捅破，直接影响小朋友的听力。

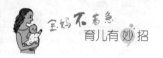

耳屎太多怎么办

但当耵聍太多，逐渐凝聚成团阻塞于外耳道就形成耵聍栓塞。耵聍栓塞会引起耳朵堵塞感、听力下降等不适，这时我们就建议要处理了。据统计，在美国每年大约有 1 200 万人因为耵聍栓塞而就诊，约 900 万人需要治疗。每 10 个孩子就有 1 个会发生耵聍栓塞。许多因素可增加耵聍栓塞的风险：如外耳道狭窄、外耳道的毛发、使用棉签清洁耳道、耳道式耳塞等都可挤压耵聍；佩戴助听器也可增加耵聍栓塞的发生。

当发生上述情况，我们建议家长带孩

子到医院进行处理，建议家长不要自行去给宝宝掏耳屎。

取出耵聍常见的方法有耵聍钩取出法、外耳道冲洗法等。耵聍钩取出法由于尖端锐利，仅适用于能够配合的大孩子，

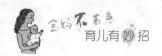

外耳道冲洗法也需要小朋友一定的配合度，且部分小朋友冲洗后会有不适。

在治疗时，医生会给小朋友的耳朵滴一些弱碱性的碳酸氢钠药水，起到中和、软化耵聍的作用。一般要持续3天以上，每天滴3次左右，每次耳浴浸泡10分钟左右。3天之后，医生会在耳内镜的辅助下，用吸引的方法去把小朋友的耳屎吸出来。这个方法具有视野充分、图像清晰、精细准确的特点，在直视下能较好地判断耵聍的状况，是一种安全可靠、简便可行的方法。

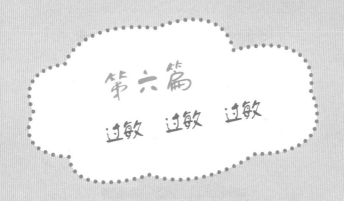

第六篇

过敏 过敏 过敏

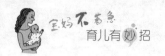

过敏为何更青睐于儿童

如今，过敏体质已越来越普遍，尤其是到了"过敏季"，儿科门诊总是呈现出网红店的壮观景象。广大家长带着"小病号"们排起了长队并纷纷向医生倒苦水。有关儿童过敏，让我们来听听他们怎么说。

"哎呀，您快来看一看，我家宝贝全身红疹，痒！"

"医生，我家孩子呼吸特别不顺畅，喷嚏咳嗽像感冒，3个月也不见好，咋回事呀？"

"我儿子怎么整天流鼻涕，都被同学叫鼻涕虫了。"

"您看他才几个月大，这小手整天挠耳朵、揉眼睛、揉鼻子的。"

温馨提示

家长们小心哦，您的宝贝可能过敏了……

①世界卫生组织指出"过敏性疾病已成为 21 世纪影响人类健康的全球性疾病"；

②儿童过敏现象越发普遍。在美国大约有 590 万儿童患有食物过敏症；在学校，每 13 个孩子里就有一个食物过敏；

③在日本，有 40% 的人为过敏体质；

④在中国所受访的儿科医生都认为，在过去 10 年儿童食物过敏率翻了一倍多……

首先，不同年龄段常见的过敏原是不同的。3岁以下主要是以食物过敏为主，而3岁以上主要是以吸入过敏为主。

相对成人而言，儿童的消化能力较弱，其胃蛋白酶最开始的时候都不足成人的一半；直到2～3岁，消化酶才逐渐成熟，才能把整个食物完全消化。消化能力的不足是导致孩子容易过敏的主要原因。

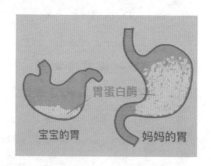

宝宝的胃　　妈妈的胃

胃蛋白酶

儿童过敏的三大症状反应

一、皮肤黏膜反应

婴儿在出生后的第一年，所出现的过敏主要是对牛奶、鸡蛋、豆类、鱼、虾等食物的过敏。

常见表现为：瘙痒、红斑，有的孩子会出现皮肤干燥粗糙、结膜红肿等症状。

二、消化道反应

出现消化不良、恶心、呕吐、腹泻或

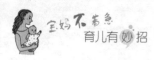

便秘、甚至便血。

三、呼吸系统反应

通常比皮肤黏膜和消化道反应出现晚，表现为鼻塞、流鼻涕、打喷嚏等。

随着儿童年龄的增长，由婴儿出生后最初数年中的食物过敏和湿疹可逐渐演变为过敏性疾病，如哮喘和过敏性鼻炎，即湿疹症状逐渐减轻，而过敏性哮喘和过敏性鼻炎逐渐加重……

儿童常见的过敏性疾病

过敏性体质常表现为以下疾病。

呼吸系统：过敏性鼻炎、支气管哮喘等；

皮肤黏膜系统：湿疹、荨麻疹、皮肤划痕症等，在眼部可能会出现过敏性结膜炎等；

消化系统：主要表现为食物过敏，引发腹痛、腹泻等。

这些都是儿科门诊常见的过敏疾病，发病率非常高而且还常常反复发作，困扰着孩子和家长。

要特别注意的是，过敏家族中最严重

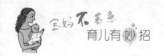

也是最危险的一种：过敏性休克。一般都是接触食物、药物等过敏原所致，表现为皮疹、呼吸困难、血压下降等，通常突然发生，症状剧烈，若不及时处理，可能危及生命。

温馨提示：

在此提醒家长，小小过敏危害极大，应引起足够重视。长期食物过敏会影响孩子生长发育，使孩子长不高；例如花生过敏，严重者会导致休克，危及孩子的生命！因此勿把过敏错当普通感冒来处理！

如何避免儿童过敏

那么该如何避免孩子过敏呢？可根据过敏原进入人体的途径及环境因素等方面去除过敏的致病因素，具体表现为以下几个方面。

一、回避过敏原

虽然过敏原无处不在，但我们可大致归为 5 大类：

1. 接触性过敏原；

2. 吸入性过敏原：尘螨、蟑螂、动物皮毛、花粉、香烟、空气污染、汽车尾气；

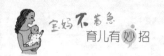
3. 食物：面粉、奶、蛋、鱼、虾、蟹、花生、腰果、大豆及某些水果、蔬菜等；

4. 药物：常见的解热镇痛药或者是一些抗生素类的药物会容易引起过敏；

5. 其他：存在个体差异，比如说抗过敏药物也会过敏。

由于婴幼儿免疫系统还处于发育过程中，因此通过早些发现过敏原，可及早给予干预。

二、做到"避、忌、替、移"

在明确过敏原之后要做的就是"避、忌、替、移"。

"避"即避开一切可疑或已明确的致敏原；

"忌"就是忌服一切可疑或已知的致敏食物和药物；

"替"就是用作用相同或相似而又不

致敏的食物和药物来替代那些可能或明知致敏的食物和药物;

　　"移"就是将致敏原从患者的生活环境中移走,或患儿移出不利的环境。

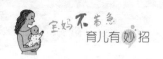
儿童过敏的治疗方法

如果家长已经尽力避免患儿接触过敏原仍无法消除症状，这时就需要采用药物治疗。

一、常用的抗过敏的药物

1. 抗组胺药，即 H_1 受体拮抗剂。机体接触过敏原后免疫球蛋白 E 会刺激人体肥大细胞膜使细胞膜破裂，进而释放一种物质——组胺。它是造成过敏症状的主要罪魁祸首之一，引起红、肿、痒等过敏症状，使用抗组胺药会减少组胺释放，从而减轻过敏症状。现在常用的抗组胺药物有氯雷他定、西替利嗪等。

2. 抗白三烯药物：白三烯也是变态反应的重要炎性介质，其受体拮抗剂也是治疗过敏的重要药物。

3. 皮质激素类：因其抗炎抗过敏作用，已广泛应用于变态反应疾病的治疗，尤其鼻用糖皮质激素是治疗过敏性鼻炎的主要药物之一。

二、特异性免疫治疗

即变应原脱敏或称减敏治疗。进行脱敏治疗前家长应对这种治疗方式的利弊有初步了解。

1. 脱敏疗法有年龄限制，一般适用于4周岁以上儿童；

2. 脱敏疗法周期长、见效慢，一般需要数月或更长时期才能有主观疗效；

3. 要正确理解脱敏治疗的作用，不

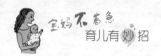

要错误地认为既然经脱敏治疗，就不需要再注意避免接触致敏物了。只有避免接触过敏原才是对因治疗，所谓的"治本"。

掌握"儿童过敏"的必备知识，使正确方法控制过敏性疾病、减少发作甚至完全避免发作也并非不无可能。

提醒家长在日常生活中注意观察总结并记录下宝宝过往的过敏记录，及时至医院进行过敏原筛查。

第七篇

张着嘴呼吸，真的会变丑吗

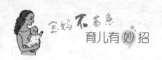
警惕！张口呼吸也是"病"

　　由于儿童呼吸系统未发育完善，上呼吸道易受细菌、污染颗粒物侵袭，导致鼻炎经久不愈，腺样体、扁桃体的增生肥大，鼻子通气不畅，孩子只能靠张大口来呼吸。而呼吸是一种本能的无意识动作。长期的张口呼吸习惯，会导致即使鼻通气通道建立，也很难改变。

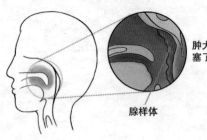

肿大的腺样体堵塞了鼻腔气道

腺样体

正常的呼吸模式是通过鼻子。鼻腔构造能净化进入人体内的空气，避免挟带过多空气中有害物质抵达肺部。

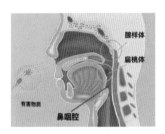

此外，当外界有害物质被吸入时，鼻子通过喷嚏和鼻涕的"功能"将其排出体外，防止呼吸系统受到感染。

张口呼吸，则是在空气没有经过任何过滤之下直接由人体口腔进入体内。

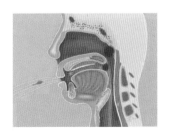

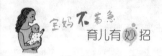

这样会使口腔内环境变得异常干燥，非常容易导致蛀牙形成。长期张口呼吸，又会造成舌体位置、下颌位置的异常，从而又产生一系列问题。

呼吸决定"颜值"

用鼻子呼吸时，鼻子会闭合，舌头的位置会自然上升，贴住上颚弓，进而促进上腭骨的生长发育。当口呼吸时，舌位会下降和前移，下巴会往下降。

张口呼吸时，上腭弓失去了舌头的支撑，受到颊肌往内侧力量的推挤，上腭骨的生长发育因此受阻，最后形成了狭窄而

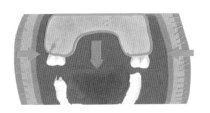

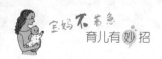
高拱的牙弓，形状也变成狭长的 V 型，而不是理想的 U 型。

长此以往，将会持续影响上、下颚骨的发育，狭窄的牙弓使牙齿没有足够的空间可以生长排列，结果形成拥挤的异常齿列。处在成长期或青春期的孩子，常年的张口呼吸，非常容易形成特殊面容。表现为上颌向前伸长，即突嘴侧貌。

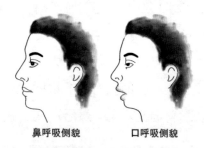

鼻呼吸侧貌　　　　口呼吸侧貌

口呼吸致上唇于自然状态下无法完全闭合。上唇有上翘外翻的倾向，人中短。面下 1/3 比例失调，较正常短。侧貌见下颌后缩。

口呼吸的主要伤害

口呼吸影响面部发育，如果一直任其发展的话，影响的就不仅仅是颜值了，还会威胁到孩子健康，其主要损害表现为以下几个方面。

1. 鼻塞、呼吸不畅：尤以夜间加重。严重时可出现呼吸暂停，从而使

睡眠质量下降，大脑处于慢性缺氧状态。白天精神欠佳，记忆力减退，学习成绩下降。

2. 心肺改变：长期鼻塞呼吸不畅，使心肺功能受到影响，严重者可引起肺心

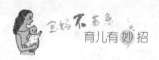

病，心肌受损，甚至心力衰竭。

3. 发音改变：
鼻塞严重，可使
发音受到影响，
形成鼻塞性鼻音。

4. 听力改变：
因肿大的腺样体
压迫咽鼓管鼻咽部开口，导致卡他性中耳
炎，听力下降。

5. 颜面颌骨改变及一系列牙齿问题。

一定要合理干预和治疗！并向您身边
的五官科和口腔科医师寻求帮助。

如何发现孩子口呼吸？怎么办

通过观察孩子晚上睡觉的时候是否是张着嘴巴，同时借助透明玻璃杯来测试孩子的呼吸方式。如果是用嘴呼吸的话，杯内的通气量较小。

对于腺样体肥大，严重鼻炎引起的口呼吸问题，应尽早向五官科医师求助。虽

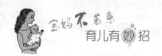

然腺样体在孩童7岁后会逐渐退化，但前期肿大的腺样体造成常年的鼻塞，需尽早进行手术。

如果错过了最佳手术时机，已经有口呼吸面容倾向的孩童，应在生长发育高峰期进行功能性矫正，并通过肌功能操训练等方式及早干预，对改善病情有较好的效果。

正处成长发育期的孩子，因常年口呼吸，非常容易形成特殊面容，如果孩子有张口呼吸的习惯，应引起足够重视，别让口呼吸拉低了孩子的"颜值"。

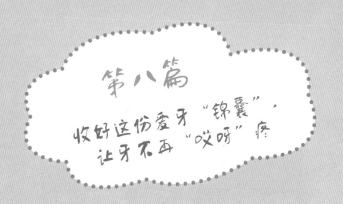

第八篇

收好这份爱牙"锦囊"，
让牙不再"哎呀"疼

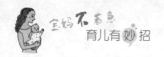

认识爱牙日
9月20日

　　据流行病学调查，在中国有六七亿人患有不同程度的牙病，其中以龋病最为常见。以人均有2只以上的龋齿算来，全国约有20多亿只龋齿。我国牙周疾病患病率高达80%。口腔科一直流传着这样一句话："一个人一辈子可能什么病都没得，但是口腔病一定有。"

为什么要刷牙

健康每一天，从早起刷牙开始！

　　刷牙是我们每天都在做的事情，很多病人就诊的时候都会说："我每天都刷牙了，为什么牙齿还会坏呀？"，其实，刷过牙和刷对牙是两码事。众所周知，刷牙是保持口腔清洁的重要方法。通过刷牙去

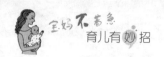

除牙菌斑、软垢和食物残渣,是有效预防牙周病发生、发展及复发的最重要的手段。

需注意的是刷牙刷去的是牙菌斑!绝不仅仅是肉丝、菜叶子和剩饭哦!

牙菌斑是牙周病的始动因子,是牙石的前身。在牙周病治疗中,清除菌斑和预防菌斑的再形成非常重要。同时它也是龋病最主要的致病因素之一。

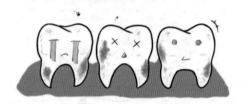

如果不正确刷牙,久而久之,嘴里的细菌会"肆意生长",若放任不管,数个小时以后,细菌家族就几世同堂;再过十几个小时,它们就开始形成牙菌斑对牙齿和牙龈造成损伤,导致龋齿、牙龈炎、牙周病等等。

　　想要清除牙菌斑，单纯漱口代替不了刷牙！单纯使用牙线也代替不了刷牙！牙菌斑并不是桌上的浮尘，光是漱漱口是漱不掉的，而且牙菌斑也并不仅仅存在牙缝当中。光是用牙线清理也不能完全去除干净，一定要用些力气使用正确的方式才能清理干净。因此提醒大家，一定要坚持每天定时定点刷牙两次，切不可走"先污染再治理"的老路，这样会对口腔健康带来极大的隐患。

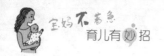

究竟该怎么刷牙

这里要提一个重要的单词 BASS——巴氏。巴氏刷牙法又称龈沟清扫法或水平颤动法。是美国牙科协会推荐的一种有效去除龈缘附近及龈沟内菌斑的方法。

1. 刷毛贴牙齿，呈 45°角，让牙刷柄与牙列平行：按摩牙龈 - 牙交界区，使刷毛一部分进入龈沟，一部分铺于龈缘上，并尽可能伸入牙龈及邻间隙内。

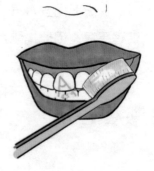

2. 刷上牙，刷毛向上；刷下牙，刷毛向下：用轻柔的压力，将上颌牙向上刷，下颌牙向下刷，使刷毛在原位作短距离的水平颤动10次左右。

3. 每2～3颗牙一组重复10次：颤动时牙刷移动仅约1mm，每次刷2～3个牙。在将牙刷移到下一组牙时，注意重叠牙位放置。

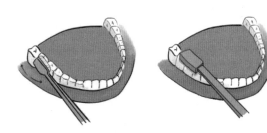

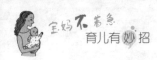
4. 水平横向刷，每两颗牙刷 10 ~ 20
下。

在刷牙过程中需要注意哪些问题

1. 牙刷的握法：上下门牙唇侧，拇指刷毛同一边，手臂摆平；其他地方，拇指在刷毛背面，手臂斜摆。

2. 刷牙的力量：对着镜子，牙刷毛压在牙面上不弯曲就可以了。

3. 刷牙的时间：至少3分钟。如果正确按照巴氏刷牙法刷牙，一般需用时在5分钟左右。

4. 注意方向和换手：先刷上面再刷下面，右边开始右边结束。

5. 如何知道牙齿到底有没有刷干净

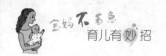

呢？比较简单的方法就是用舌头舔过每一个牙面都是十分光洁没有毛毛糙糙的触感就基本刷干净了。

有人会担心，这样刷牙会不会把牙龈刷坏、刷出血呢？

这要从牙龈为什么会出血讲起，简言之是因为牙龈周围"脏了"而容易导致炎症产生，进而导致出血症状的产生。刷牙出血并不是刷牙刷坏的，因为健康的牙龈是不怕刷的。牙齿越脏牙龈越容易发炎，牙龈发炎刷牙才会出血，越是出血就越要好好刷牙！

当然，如果刷了一礼拜，还是牙龈出血，那说明单靠刷牙不能完全去除牙结石和牙菌斑，这时候应该去看牙医了。

如何选择牙刷

如何选择牙刷，是否需要使用电动牙刷？

1. 牙刷的大小：对于大多数成人来说，宽1.3 cm，高2.5 cm的刷头是最好用、最高效的，牙刷刷头可顺利触到口腔内牙齿的每个牙面。

2. 牙刷的刷毛：对于绝大多数人来说，软毛牙刷是最舒适安全的选择，同时为了更好的保护牙齿，确保刷毛的末端（接触牙面的部分）是圆的。

3. 电动牙刷的选择：对于很用力刷牙的和行动不便等人群来说，电动牙刷的

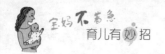
确比普通牙刷要简单易用，并可以在牙齿或牙龈线几乎没有压迫的情况下，完成清洁工作，但在购买前，需咨询您的牙科医生，也许您可能并不十分需要它。

最后建议家长：至少半年一次带孩子到医院检查牙齿，一旦发现问题及时就医，避免各种口腔疾病进一步发展导致不可逆转的损害。积极鼓励我们的孩子，争做口腔健康的小·卫士！

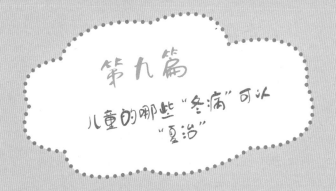

第九篇

儿童的哪些"冬病"可以"夏治"

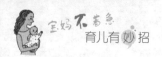
冬病夏治与儿童冬病

"冬病夏治"是我国传统中医的特色疗法之一。其常用的治疗方法包括穴位贴敷、针刺、药物内服等。

冬病夏治

儿童冬病有哪些？

冬病指好发于冬季，或在冬季加重的病变。对儿童而言，多见的疾病如：慢性咳嗽、慢性支气管炎、慢性鼻炎、反复的呼吸道感染等以及体质羸弱的儿童。

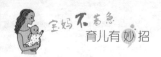

敷贴夏治的原理是什么

儿童的夏治怎么治?

对儿童而言，穴位的敷贴是相对于针刺、中药口服而言最安全、无创、也是小朋友最容易接受的治疗方法。

它用夏季高温，自然界阳气旺盛、人体毛孔张开，腠理（皮肤、肌肉的纹理）疏松的特点，顺应"天人相应"的原理，在儿童的穴位上进行药物敷贴，以平衡阴阳，鼓舞正气，增加儿童的抵抗力，起到防病治病的目的。

敷贴夏治的原理是什么？

敷贴治疗一般是将中药药物根据不同的疾病，敷于相对应的特定腧穴（人体脏腑经络之气输注于体表的部位，是针灸治疗疾病的刺激点）上，通过皮肤的吸收作用，将有效成分吸入于人体，同时通过穴位的刺激，增强经络与脏腑间的联系，提高人体免疫力，获得内病外治的疗效。而三伏天的高温，更有利于这一过程的发生。

冬病夏治的最佳时间是什么

冬病夏治一般都选择在三伏天进行。因为三伏天是一年中阳气最旺的时期，人体的阳气也随之达到顶峰，人体的阳气与自然界之阳气相应，通过自然打开的肌肤腠理，便于药物的吸收利用。

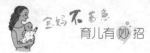
阳气达到顶峰

　　每年入伏的时间不固定，中伏的长短也不相同，需要查历书计算，简单地可以用"夏至三庚"这4字口诀来表示入伏的日期。

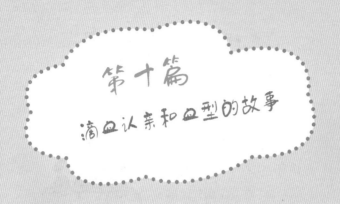

第十篇

滴血认亲和血型的故事

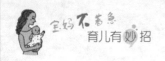
古代滴血认亲可靠吗

皇上怀疑某个妃嫔所生之子非皇室血脉，于是和婴儿共同取指尖鲜血，如果不相融，浮尸千里。

其实，不同的血型之间也是会相互交融的，譬如O型血可以和A型、B型血相合。由此可见，如此粗糙的滴血认亲，会造成多少"冤假错案"。

血型都有哪些

　　血型是一种遗传多态性物质，根据红细胞上是否存在 A、B 抗原，同时血清中是否存在抗 B 或者抗 A 抗体，ABO 血型系统可以分为 A、B、O、AB 四种血型。

　　简单来说，如果红细胞上存在 A 抗原，称之为 A 型血；红细胞上有 B 抗原，称之

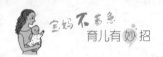

为 B 型血；红细胞上有 A 和 B 抗原，称之为 AB 型；红细胞上既没有 A，也没有 B 抗原，那就形成 O 型血。

当患者血容量不足或者红细胞减少的时候，输血是治疗和抢救的重要措施。

　　输血前必须准确鉴定供者和受者的血型，如果输入异型血，可迅速引起严重的溶血反应，甚至危害生命。需要提出的一点是，我们看过的很多电视剧都会有这样一个镜头；某患者需要紧急手术，而目前医院紧缺这种类型的血液，往往陪同的亲友纷纷撸起袖子要求献血给患者，观众感动地稀里哗啦。其实，在我国现有的法律条文下，是不允许亲友之间直接献血输血的。

　　另一种重要的血型系统是 Rh 血型，分为 Rh 阳性和 Rh 阴性。普通人血清中一

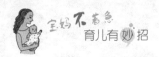

般不存在天然的 Rh 抗体。在我国汉族中，Rh 阴性者小于 1%，因此汉族人中 Rh 溶血很少见。但在我国有些少数民族中，Rh 阴性发生率较高。

新生儿的溶血病是什么

新生儿溶血病是指母、子血型不合引起的同族免疫性疾病，以 ABO 血型不合最常见，Rh 血型不合很少见。ABO 溶血主要发生在母亲 O 型而胎儿 A 型或 B 型，40% ~ 50% 的 ABO 溶血发生在第一胎，主要原因是：O 型母亲在第一胎妊娠前，已受到自然界 A 或 B 血型物质（某些植物、寄生虫、伤寒疫苗、破伤风及白喉类毒素等）的刺激，产生抗 A 或者抗 B 抗体。当这些抗体与胎儿红细胞表面上的 A 型或者 B 型抗原相结合，就犹如拿着刺刀的士兵，迅速扎破了红细胞，导致溶血反应。

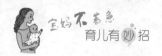

O型血
母亲

A型血
胎儿

导致溶血
进入

血液中有抗A抗B

　　Rh溶血病一般不发生在第一胎，是因为自然界无Rh血型物质，Rh抗体只能由人类红细胞Rh抗原刺激产生。

　　ABO溶血除引起黄疸外，其他改变不明显。Rh溶血可造成胎儿中度贫血，甚至心力衰竭；重度贫血、低蛋白血症和心力衰竭可导致全身水肿（胎儿水肿）。

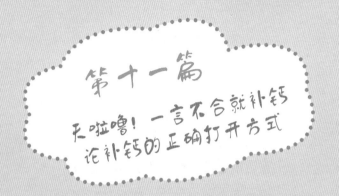

第十一篇

天啦噜！一言不合就补钙
诉补钙的正确打开方式

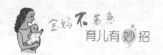
补钙成常态

宝宝最近长得慢？缺钙！

宝宝最近睡不好，爱出汗？缺钙！

孩子头发那么黄，八成是缺钙了……

在小区遛个弯，七大姑八大姨构成的中老年育儿团怀揣着浓浓的补钙情节。很多急于给孩子补钙的家长，更是被铺天盖地的广告扰得一头雾水！今天我们就来聊一聊有关儿童补钙的那些事。

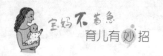
盘点那些被我们熟知的补钙方法

为了让宝宝健康茁壮成长，爷爷奶奶爸爸妈妈们用尽各种补钙方法，到底靠不靠谱呢？

一、晒太阳补钙

一到冬天，小区遛娃团每天10点准时晒，比年轻人上班打卡都积极，孩子裹个大棉袄，婴儿车里晒一天，孩子是一天比一天黑，可是这钙到底补没补到呢？

现在多晒晒，以后长大个。

　　宝宝晒太阳，实际上是经历"晒太阳—合成维生素 D—帮助钙吸收"这样一个过程。但是晒太阳补充维生素 D 又受到诸多限制。阴天、雾霾、冬天都无法通过晒太阳产生充足的维生素 D，而且长时间强光刺激反而提高皮肤癌发生的风险。所以，想要晒太阳，还是建议控制在 20 分钟以内，暴露手脚头面部，不直射宝宝眼睛的情况下进行。

　　因为光照受到天气、季节、地区纬度

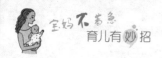

的影响，并不是最可靠的维生素 D 来源。
我们推荐口服补充维生素 D!

二、喝骨头汤补钙

有些家长特别喜欢给孩子熬骨头汤，
他们认为吃啥补啥错不了，这是真的吗?

科学都证明了，
喝骨头汤补不了
多少钙。

研究表明，骨头汤里的钙微乎其
微，每 100 mL 骨头汤的含钙量可能只有
1 ~ 2 mg，要满足一个一岁左右孩子的钙
需求量，那就需要喝 10 000 mL 以上的骨
头汤! 所以严格来讲，喝骨头汤补钙只是

一个幻想！同时骨头汤里的脂肪含量高，又容易造成饱腹感，反而减少了其他食物的摄入量，得不偿失。

三、吃钙片补钙

面对琳琅满目的钙片产品，很多家长失去了挑选的方向和耐心，无从选择。

一般健康儿童可以在正常膳食中获得

125

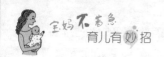

每日需要的钙。孩子每日需要多少的钙呢？
0～0.5岁300mg，0.5～1岁400mg，
1～3岁600mg。每100mL奶里面大概含
100mg钙，而2～3岁之后的正常膳食（除
奶以外）又可以提供约200～300mg钙。

以一个三岁儿童为例，每日的正常膳
食约提供200～300mg钙，再保证300mL
奶制品的摄入，可以提供另外约300mg钙，
基本可以满足其需求。

所以不挑食，养成每天两杯奶的膳食
习惯，增加点心或正餐中奶制品的比例，
那钙的来源就够了。

温馨提示

幼儿补钙应按照个体化原则，在不同
年龄段提供不同钙量的需求，建议在临床
医师的指导下有针对性的补充，切勿盲目
攀比。

什么时候应该给宝宝补钙

一、奶类摄入不足

敲黑板！6 个月以内无需补钙，不满 6 个月的婴儿的食物基本都是母乳，虽然每个宝宝的奶量可能从 600 mL/ 日至 1 000 mL/ 日不等，但只要能满足其正常生长需要，配合每天维生素 D 的补充，就可以满足钙的需求。

只要乖乖吃，就不用补钙。

一部分宝宝由于喂养习惯没有建立好，婴儿期奶量少于500 mL／日，儿童期奶量（包括母乳、配方奶、酸奶等奶制品）不足300 mL／日，的确需要适当补钙。但补钙的同时一定要注意补充维生素D。

二、佝偻病治疗

除先天性代谢性疾病外，大多数佝偻病患儿是由于维生素D缺乏导致钙吸收不良，从而导致骨骼密度下降，并引起一系

骨头出现"软化"

列相关神经系统症状（烦躁、夜惊、多汗、枕秃），甚至骨骼畸形（乒乓头、肋外翻、鸡胸漏斗胸、O型腿等）的疾病。

虽说佝偻病主要是缺乏维生素D导致，但治疗过程中，以每日正常的奶量可能无法弥补之前一段时间内钙吸收不良导致的钙储备不足。所以佝偻病的治疗不仅要补充维生素D，还需要适当补充一定钙剂。

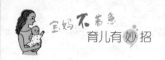

宝宝补钙有需要特别注意的事项吗

1. 空腹补钙吸收好?

大部分营养补充剂都推荐随餐食用,这样可以减少对胃肠道刺激,有利于长期坚持补充。

2. 补钙多多益善?

如果孩子本身不缺乏钙,摄入超量的钙,人体无法全部吸收,就会在体内沉积,容易导致宝宝便秘、结石等。过多补充钙剂,也会抑制其他营养元素的吸收,比如锌元素。锌对于体格生长非常重要,盲目补钙反而会影响锌的吸收。

3. 补钙、补维生素 D 同时进行?

大多数宝宝缺钙是因为体内缺少维生素 D, 影响钙离子的吸收。所以建议宝宝出生 3 ~ 5 天后开始常规补充维生素 D 制剂。值得注意的是, 维生素 D 的补充应该是终身的。

如果宝宝每天户外活动时间比较长, 尤其是夏季, 经过阳光的紫外线照射, 可以产生内源性维生素 D, 所以可适当减少维生素 D 的补充量。

补钙通常不会一直补下去, 是有剂量

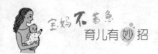

和疗程的要求，建议家长带孩子及时复诊。比如说补一段时间，钙的饮食摄入得好，钙储备也够了，这时候就要停止补钙，注意带孩子定期去体检哟～！

第十二篇

注意! 别让近视模糊了孩子的未来! 真真假假赶紧看

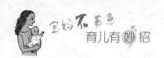
眼睛在不同状态下的工作原理

　　不少孩子视物不清，眼睛疲劳，视力模模糊糊，世界恍恍惚惚。孩子的眼睛到底怎么了？让我们一起来探秘近视的真相！

　　眼睛有四大"屈光装置"：角膜、房水、晶状体和玻璃体，他们就像一组透镜一样，负责把图像聚焦到视网膜上。

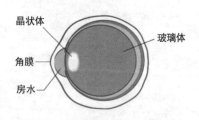

晶状体　　　　　　玻璃体

角膜

房水

　　而视网膜是光线的接收装置，它把接

收到的影像通过视觉神经传递给大脑，然后我们的头脑当中就会出现对应的镜像。

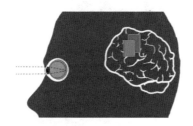

看远处物体时，进入眼睛的光线是平行的，此时睫状肌放松，晶状体比较平滑，成像恰好就落在视网膜上。

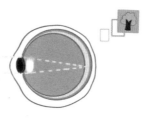

而看近处物体时，由于光线距离眼睛较近，呈散发状态，如果晶状体还是之前的弧度，成像就会落在视网膜的后面。

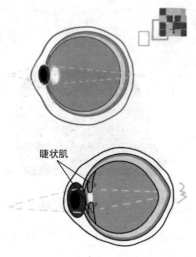

睫状肌

　　这个时候睫状肌就要开始工作了：它一边挤压晶状体，把成像位置拉回来，使弧度变大；另一边又把巩膜往后拉，使眼轴变长，焦点重新落在视网膜上，清楚看到近处物体。

近视的形成原理

　　如果一直盯着近处看，睫状肌会很"累"，这时候如果重新看远处，睫状肌来不及放松，物体就会在视网膜前成像，这时候看到的世界就会变得模糊。长期模糊的图像会诱导眼轴增加，导致近视发生。

一、如何鉴别真假性近视

　　出现以上症状后，眼睛在休息一段时间之后，还能恢复回来，这种近视就是所谓的"假性近视"，事实上应该称之为"调节性近视"。

　　但如果长期过度用眼，晶状体就会慢

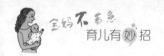

慢变凸,眼轴就会慢慢拉长,由于眼球的变形是一个不可逆转的过程,久而久之再也无法正常成像,这样就形成了真性近视。

眼球变形了

二、导致孩子近视的真凶有哪些

1. 不良生活习惯的影响:户外光照时间缺乏,持续近距离用眼时间过长、高糖饮食、晚睡熬夜、挤压揉搓眼睛等。

2. 遗传因素:科学数据显示,与父母均无近视的孩子相比,家长单方或双方近视的孩子发生近视的概率分别高2.1倍与4.9倍。

3. 其他因素:孩子的用眼卫生、读写姿势、营养情况、及时正确地验配、佩

戴眼镜等因素多方面影响着近视的发病、发展。

温馨提示：高度近视与单纯性近视不同，有的高度近视即使到了成年后，近视的发展仍不停止，称之为病理性近视，其视力矫正困难、视觉质量差、眼部并发症多，严重者会失明及眼球萎缩。因此，广大家长及孩子应积极保护视功能、减少高度近视的发生，把近视扼杀在摇篮中！

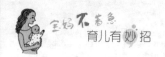

预防近视的有效方法

眼科医生与验光师一致认为，眼镜的正确验配、佩戴是非常重要的，建议儿童及青少年定期验光检查（学龄前儿童半年一次，学龄儿童每3个月一次，每次验光根据医嘱进行散瞳）。经科学验证，以下途径可有效预防、控制近视的发生。

一、户外光照时间

研究认为，每天至少2小时或每周至少14小时的户外活动时间，可显著减少近视的发病、减缓近视的进展。

1. 户外"阳光"可诱导多巴胺合成，眼内多巴胺浓度越高越不容易近视。

2. 户外天地宽广，大部分事物都离得很远，在视网膜上形成保护性离焦，同时睫状肌处于放松状态，让眼球自然发育而非过度生长。

二、低浓度阿托品

阿托品对于近视具有积极的控制保护作用，浓度越高效果越好，但阿托品的副

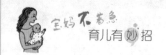

作用使其应用受到局限。近年研究发现低浓度 0.01%、0.02%、0.05% 阿托品滴眼液可以有效地减缓近视进展，而散瞳、视物模糊、面部潮红等副作用比较少见。

但阿托品为治疗性处方药物，由于国内低浓度阿托品滴眼液的商品制剂并未全面上市，因此请特别注意药品的来源与安全性。此外，低浓度阿托品滴眼液并非适用于所有孩子，请咨询专科医生后合理应用并按时随访检查。

三、角膜塑形镜（OK 镜）

角膜塑形镜（OK 镜）对于 8 周岁以上、近视度数 600 度以下（个别 OK 品牌适用于 400 度以下）的儿童是一个不错的选择。

OK 镜是一种夜戴型角膜接触镜，晚上佩戴使角膜塑型至理想屈光度，日间裸视力明显改善无需佩戴眼镜，同时减少视网膜周边离焦而导致的眼球异常生长，达到控制近视、减缓近视发展的目的。

OK 镜作为一种专业医学治疗手段，并非适用于所有孩子，需进行眼科相关检查后，由专业眼科医生进行镜片设计与验配工作。此外，近视一旦发生是无法逆转，只能矫正和控制的，希望提高重视，积极防控、减少近视发生，努力保护视功能健康!

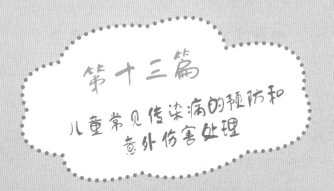

第十三篇

儿童常见传染病的预防和
意外伤害处理

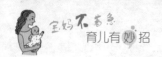

儿童常见传染病及预防方法

说一说儿童常见的传染病，教教大家如何预防儿童常见疾病及受到意外伤害是如何处理的方法！

儿童常见的传染病有：

1. 流行性感冒。

2. 流行性腮腺炎。

3. 手足口病。

4. 水痘。

5. 急性出血性结膜炎（红眼病）。

常见传染病的预防方法：

1. 多洗手：注意个人卫生，要勤洗手，饭前便后一定要让孩子养成勤洗手的卫生习惯。用洗手液洗干净手，保持口腔清洁。同时还应经常彻底清洗儿童的玩具或者其他用品。

2. 喝开水：不要让孩子猛吃冷饮或喝生水，要多吃新鲜蔬菜和瓜果。

3. 吃熟食：瓜果一定要洗净、削皮；食品一定要高温消毒，不吃易变质的食品。注意给孩子补充营养，防止过度疲劳。

4. 勤开窗通风，多晒太阳。

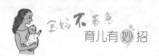

勤换衣，多通风，
人多不去凑热闹

饭前便后要洗手，
生冷食物不入口

水果蔬菜不可少，
牛奶鸡蛋也需要

多锻炼，休息好，身体好，传染病
吓得快快跑，你我健康哈哈哈

归纳起来就是：

勤换衣，多通风，人多不去凑热闹；

饭前便后要洗手，生冷食物不入口；

水果蔬菜不可少，牛奶鸡蛋也需要；

多喝水，多锻炼；休息好，身体好；

传染病吓得快快跑，你我健康哈哈哈！

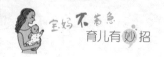
学会"七步洗手法"

洗手是最有效阻断细菌病毒进入人体的方法,那么什么时候需要洗手你知道吗?

1. 吃东西前。

2. 上厕所后。

3. 放学回家后。

4. 去医院/接触病人后等。

七步洗手法

手心相对搓一搓

手背相靠蹭一蹭

手指中缝相交叉

指尖指尖转一转

握成拳，搓一搓

手指手指别忘掉

手腕手腕转一转

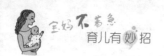
流鼻血该怎么处理

流鼻血不能抬头，需要头部稍稍前倾。

那么如何预防流鼻血呢？有以下几种

方法。

1. 不要挖鼻子。

2. 多喝水。

3. 少吃油炸辛辣食物。

4. 压迫止血。

流鼻血不能抬头
（危险）
需要头部稍稍前倾

不要挖鼻子

多喝水

少吃油炸辛辣食物

压迫止血

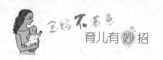

烧烫伤该怎么处理

　　日常生活中，烧烫伤多由以下一些热源引起：滚烫的开水、油、汤、蒸汽、燃烧的物体、烧烫的锅、火钳等金属物，高温的电热取暖器、电熨斗等电器用品以及一些化学品。

烫伤急救五步骤:

1. 冲: 烫伤部位凉水持续冲直至疼痛减轻。

2. 脱: 在流动冷水中脱去衣物。

3. 泡: 受伤部位浸泡冷水中。

4. 盖: 干净毛巾盖伤口。

5. 送: 立即送医院。

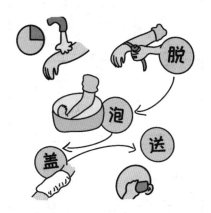

另外烫烧伤后如果涂酱油或者涂牙膏容易引起继发伤害, 所以尽量不要选择没有医学印证过的偏方。

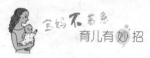

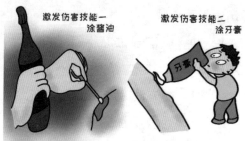

激发伤害技能一
涂酱油

激发伤害技能二
涂牙膏

烫伤之后要降温

冷水冲洗十几分

食品药物别瞎抹

保持清洁才是真

烧烫伤处理的儿歌：

烫伤之后要降温；

冷水冲洗十几分；

食品药物别瞎抹；

保持清洁才是真。